AF205067

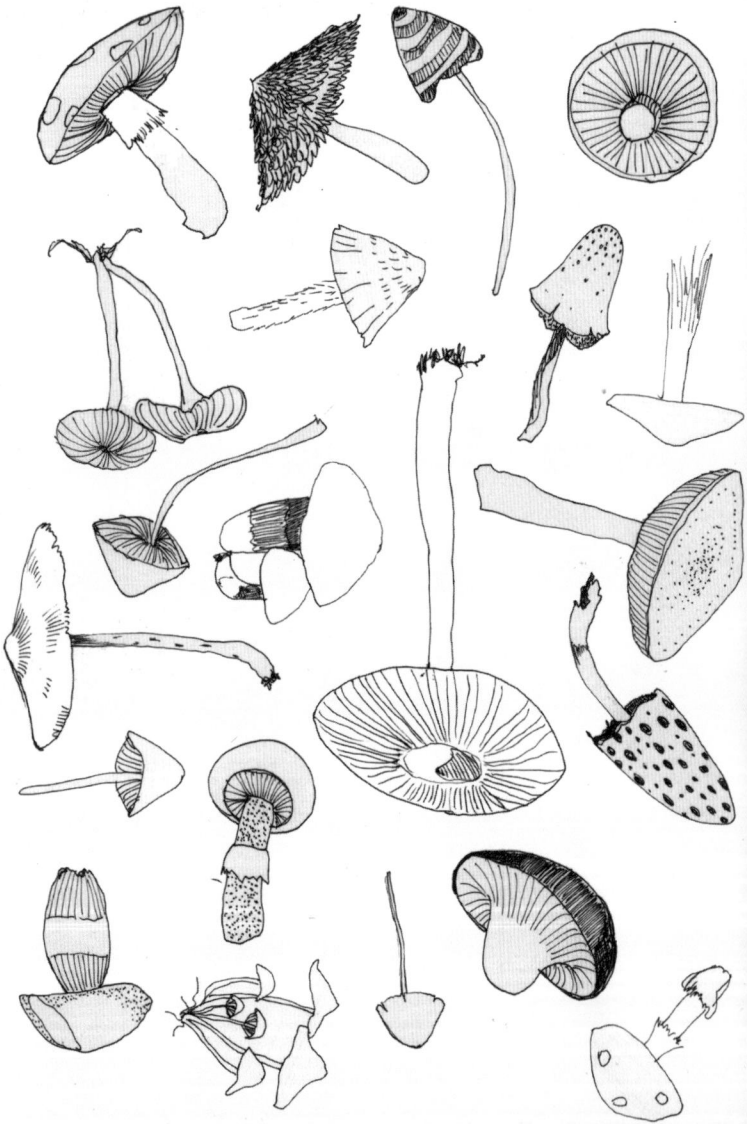

MEINE ILLUSTRIERTE PILZKUNDE

Eden
BOOKS

Vorwort

Das Fleisch der Götter«, so nannten die Azteken Pilze. Nach einer dunklen Nacht waren sie einfach da – wie aus dem Nichts. Sie erschienen oft an der gleichen Stelle wie in den Jahren zuvor, und manchmal wuchsen sie in Form eines Kreises. Logisch, dass angesichts dieser mysteriösen Eigenschaften die Fantasie unserer Vorfahren rund um die Welt in Schwung kam. Daher beziehen sich die Namen der Pilze oft auf eine Welt der Elfen, Hexen und Teufel. Auf Niederländisch bedeutet der Begriff für Pilz – paddenstoel – wörtlich sogar Krötensitz oder Krötenstuhl. Einige Pilze können
gegessen werden, andere sind giftig oder befördern Dich geradewegs in eine magische Welt – wie in *Alice im Wunderland*, allerdings auch mit all den gefährlichen Seiten. Ein Stück Pilz abzubrechen und dieses zu essen, birgt etwas Spannendes und Geheimnisvolles. Ist er essbar und vollgestopft mit Nährstoffen? Ist er giftig? Oder wirst Du größer, kleiner oder landest sogar in einer anderen Welt?

Gerard Janssen

SCHOPFTINTLING ODER SPARGELPILZ

Die Kanten des Hutes eines Schopftintlings kräuseln sich in Schwarz. Du kannst Tinte daraus gewinnen, indem du diese Pilze mit einer Nelke oder etwas Gummiarabikum kochen lässt.
Ein häufig vorkommender Verwandter ist der große Faltentintling (Coprinus atramentarius). Die Pilze sind essbar, enthalten aber Coprin, das in Kombination mit Alkohol giftig ist.

GIFTIG

GIFTIG IN KOMBINATION MIT ALKOHOL!

Fundort .....

.....

Datum .....

Besonderheiten .....

.....

GEMEINER RIESENSCHIRMLING ODER RIESENSCHIRMPILZ

Der Hut des Gemeinen Riesenschirmlings kann bis zu 30 Zentimeter groß werden. Der Pilz steht oft in Gruppen oder in Form eines Hexenkreises. Sein Hut kann gebacken werden. Nimm dafür Hüte mit einem Durchmesser von mehr als zehn Zentimetern. Kleinere Pilze können eine giftige Art sein, wie z. B. der giftige Fleischbräunliche Schirmling oder der Fleischrosa Schirmling.

Fundort

Datum

Besonderheiten

GEMEINER STEINPILZ

Dieser Pilz ist eine Delikatesse und daher der begehrteste überhaupt. Auch in der Tierwelt ist er äußerst beliebt, deshalb findet man oft Steinpilze, von denen schon ein Stückchen abgebissen wurde.

MARONENRÖHRLING

Dieser schmackhafte Speisepilz sieht aus wie ein Steinpilz, aber die Poren verfärben sich blau, wenn man sie berührt.

Xerocomus badius

Fundort

Datum

Besonderheiten

Fundort .....

.....

Datum .....

Besonderheiten .....

.....

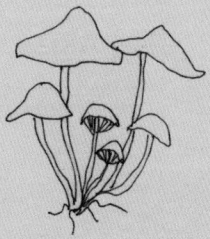

Fundort .....

.....

Datum .....

Besonderheiten .....

.....

FLOCKENSTIELIGER HEXENRÖHRLING

(Boletus erythropus)
Der Flockenstielige Hexenröhrling wurde 2018 zum Speisepilz des Jahres gewählt und ist in Bayern aus keiner Pilzsuppe wegzudenken. Aber Vorsicht: Roh ist der Pilz giftig.

DICKSCHALIGER KARTOFFELBOVIST

Ein zwiebel- oder knollenförmiger Pilz. Er gehört zur Familie der Kartoffelbovist-verwandten. Diese giftigen Pilze »explodieren«, wenn man sie berührt; eine braune Staubwolke entweicht. Deshalb heißen sie im Volksmund auch »Wolfsfurz«. Laut Dokumenten der spanischen Inquisition verwendeten Hexen aus dem Baskenland Bovisten, Frösche und Kröten in ihren Hexentränken.

GIFTIG

Scleroderma citrinum

Fundort

Datum

Besonderheiten

Fundort .....

.....

Datum .....

Besonderheiten .....

.....

Pleurotus ostreatus

AUSTERNSEITLING

Austernseitlinge sind als Speisepilze jedem aus dem Supermarkt bekannt. In der Natur wachsen sie zum Beispiel auf Birken, auf denen sie oft viel größer werden als die Pilze, die man kaufen kann.

Fundort .....

.....

Datum .....

Besonderheiten .....

.....

ECHTER PFIFFERLING

Ein beliebter Pilz wegen seines pfeffrigen Geschmacks und seiner Haltbarkeit. Er sieht aus wie eine kleine gelbe Trompete.

FALSCHER PFIFFERLING

(Hygrophoropsis aurantiaca)
Er sieht dem Echten Pfifferling sehr ähnlich, ist nur deutlich dünner. Der Falsche Pfifferling ist ebenfalls essbar, obwohl er vielen Menschen nicht schmeckt. Um sicherzugehen, dass Du den richtigen erwischt hast, schneidest Du den Pilz einfach auf: Beim Echten Pfifferling ist das Fleisch weiß mit gelbem Rand, während sein weniger schmackhafter Zwillingsbruder durchgehend gelb gefärbt ist.

1
2
3
4
5
6

ZEICHNE EINEN PILZ!

Wenn Du zum ersten Mal einen Pilz zeichnest, wirst Du einmal mehr erkennen, wie wunderbar diese Waldbewohner sind. Die weißen Punkte auf einem Fliegenpilz zum Beispiel sind wie weiße Warzen und die Farbe der Pfifferlinge reicht von dunkelbraun bis leuchtend gelb. Kein Pilz gleicht dem anderen. Schau genau hin und Du wirst begeistert sein von diesen vielseitigen Wesen!

Schritt 1: Zeichne zuerst den Hut – dieser ist ein guter Ausgangspunkt für den Rest des Pilzes.

Schritt 2: Sieh Dir den Pilzhut genau an. Ist er rund? Oder oval? Wie breit ist er?

Schritt 3: Zeichne den Stiel des Pilzes.

Schritt 4: Fotografiere den Pilz von unten oder schau unter seinen Hut. Was siehst Du?

Schritt 5: Zeichne die Details.

Schritt 6: Wirf einen Blick auf die Farbe. Gibt es einen Grundton? Straffiere den Pilz ganz leicht mit dieser Farbe und bemale ihn anschließend mit den anderen Farbtönen, die Du siehst.

FLIEGENPILZ

Früher wurde die rote Schale des giftigen Pilzes mit Milch und Zucker getränkt und zum Fangen von Fliegen aufgehängt - daher der Name. Schamanen in Russland und Wikinger in Skandinavien verwendeten Fliegenpilze für spirituelle Rituale.

GIFTIG

Fundort .....

.....

Datum .....

Besonderheiten .....

.....

ZUNDERSCHWAMM

(Fomes fomentarius)
Den Namen trägt er aus gutem Grund: Aus dem Zunderschwamm lässt sich perfekter Zunder herstellen, indem man ihn beispielsweise in Pferdeurin einweicht oder in Wasser kocht. Du kannst damit einen Funken von einem Feuerstein fangen, dann entsteht ein leuchtender Punkt. Halte etwas trockenes Gras dagegen – einem gemütlichen Lagerfeuer steht nichts mehr im Wege. Streng genommen ist der Zunderschwamm zwar nicht giftig, aber praktisch ungenießbar.

Fundort .....

.....

Datum .....

Besonderheiten .....

.....

Fundort

Datum

Besonderheiten

Fundort

Datum

Besonderheiten

Trametes
versicolor

SCHMETTERLINGSTRAMETE

Diese Pilze werden aufgrund ihrer antibakteriellen Eigenschaften seit Langem in der traditionellen chinesischen Medizin verwendet - essen kann man sie allerdings nicht, auch wenn sie nicht giftig sind. Die Schmetterlingstramete schmeckt einfach nicht.

GRÜNBLÄTTRIGER SCHWEFELKOPF

Seinen Namen verdankt er seiner schwefelgelben Farbe. Es ist ein Verwandter des Spitzkegeligen Kahlkopfs, der für seine bewusstseinserweiternde Wirkung bekannt ist. Der Schwefelkopf ist giftig.

Fundort .....

.....

Datum .....

Besonderheiten .....

.....

Fundort .....

.....

Datum .....

Besonderheiten .....

.....

Fundort

Datum

Besonderheiten

GEMEINER SCHWEFELPORLING

(Laetiporus sulphureus)
»Huhn des Waldes« ist der Spitzname dieses Pilzes, weil er gegart nach Hühnerfleisch schmeckt. Roh ist er allerdings giftig.

GIFTIG

ROH IST DER SCHWEFEL-PORLING GIFTIG!

Fundort

Datum

Besonderheiten

Fundort

Datum

Besonderheiten

WIESENCHAMPIGNON

(Agaricus campestris)
Die domestizierten Verwandten dieses Speisepilzes lachen uns aus jedem Supermarktregal entgegen.

BIRKENPORLING

Wächst auf einer Birke und wurde früher als Zunder verwendet. Unsere Vorfahren benutzten diesen Pilz als Medizin, zum Beispiel als Heilmittel gegen parasitäre Würmer. Theoretisch sind junge Birkenporlinge essbar, jedoch viel zu bitter.

Piptoporus betulinus

Fundort .....

.....

Datum .....

Besonderheiten .....

.....

LEUCHTPILZE

Wenn es im Wald sehr dunkel ist, geben manche Pilze etwas Licht ab. Möglicherweise ist dies die Erklärung für Irrlichter, die vor allem in Sümpfen beobachtet werden. Einige Pilze erzeugen so viel Licht, dass man mit ihnen ein Buch lesen könnte. Beispiele für Leuchtpilze sind der Herbe Zwergknäueling, der Honiggelbe Hallimasch und der sehr seltene Leuchtende Ölbaumpilz.

Fundort .....

.....

Datum .....

Besonderheiten .....

.....

BAUCHWEHKORALLE

Wie der Name schon vermuten lässt: Die Bauchwehkoralle (Ramaria mairei) ist giftig und verschafft einem bei Verzehr innerhalb kürzester Zeit gehörige Magenkrämpfe.

GIFTIG

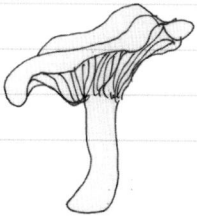

VIOLETTER LACKTRICHTERLING

Dieser essbare Pilz ist nach der Farbe des violetten Quarzes Amethyst benannt. Im Englischen wird er auch als Amethyst-Betrüger (»amethyst deceiver«) bezeichnet, da er nach der Ernte schnell die Farbe wechselt, von violett zu grau.

Laccaria amethystina

Fundort

Datum

Besonderheiten

GIFTIG
Amanita phalloides

GRÜNER KNOLLENBLÄTTERPILZ

Das ist der gefährlichste Pilz der Welt. Er schmeckt köstlich, und erst nach 24 Stunden bekommt man Magenkrämpfe, sodass man diese möglicherweise gar nicht mit dem Pilz in Verbindung bringt. Ein paar Bissen können tödlich sein. Mithilfe dieses Pilzes tötete Agrippina angeblich ihren Mann Kaiser Claudius, damit ihr Sohn Nero den Thron besteigen konnte.

Fundort .....

.....

Datum .....

Besonderheiten .....

.....

ZITRONENTÄUBLING ODER OCKERTÄUBLING

Dieser Pilz lebt in einer symbiotischen Beziehung mit verschiedenen Baumarten, darunter Fichten, Buchen und Eichen. Von den Täublingen gibt es viele Arten in verschiedenen Farben, von rot, orange und rosa bis hin zu grün und blau. Sie werden oft von Schnecken gefressen. Auch wir Menschen können den Täubling essen, besonders gut schmeckt er allerdings nicht.

SPITZKEGELIGER KAHLKOPF

(Psilocybe semilanceata)
Der erste Bericht über eine »Vergiftung« durch Kahlköpfe stammt aus dem Jahr 1799, als eine britische Familie, nachdem sie Pilze gegessen hatte, »im Delirium« landete und hysterisch lachte. Seit den Sechzigerjahren ist bekannt, dass der Pilz Psilocybin enthält, eine LSD-ähnliche Substanz. Achtung: In Deutschland ist das Sammeln dieser Pilze illegal.

Fundort

Datum

Besonderheiten

Fundort .....

.....

Datum .....

Besonderheiten .....

.....

GELBE LOHBLÜTE ODER HEXENBUTTER

Unfassbar: Die Gelbe Lohblüte kann sich nicht nur bewegen, sondern gezielt Abkürzungen nehmen, um an Nahrung zu gelangen. Wissenschaftler haben in einem Experiment gezeigt, dass sie den kürzesten Weg durch ein Labyrinth findet, an dessen Ausgang Haferflocken liegen. In Mittelamerika wird dieser Schleimpilz gelegentlich zubereitet, hierzulande gilt er allerdings als ungenießbar.

Fundort

Datum

Besonderheiten

SPEISEMORCHEL ODER RUNDMORCHEL

Ein schwammiger Pilz, der nach dem Kochen oder Trocknen verzehrt werden kann. Einer der wenigen Pilze, die im Frühjahr wachsen.

GIFTIG

ROHE MORCHELN SIND GIFTIG!

Fundort

Datum

Besonderheiten

Sei vorsichtig beim Sammeln von Pilzen. Jeder essbare Pilz kann mit einer giftigen Art verwechselt werden. Oder wie ein altes Sprichwort sagt: »Es gibt alte Pilzsammler und furchtlose Pilzsammler, aber es gibt keine alten furchtlosen Pilzsammler.«

KRAUSE GLUCKE

(Sparassis crispa)
Dieser Speisepilz ist besonders beliebt bei Waldpilz-Fans. Die junge Krause Glucke ist eine Delikatesse.

Fundort .....

.....

Datum .....

Besonderheiten .....

.....

Fundort .....

.....

Datum .....

Besonderheiten .....

.....

GEMEINE STINKMORCHEL

Das Hexenei, aus dem der namensgebende Gestank kommt, und die jungen Stiele der Stinkmorchel sind essbar. Ein daraus gekochtes Risotto soll angeblich die Männlichkeit stärken.

BUTTERPILZ

(Suillus luteus)
Die Engländer nennen diesen Pilz auch Slippery Jack, weil sich der braune Hut bei feuchtem Wetter schleimig anfühlt. Der Butterpilz ist essbar, allerdings vertragen ihn viele Menschen nicht besonders gut.

Fundort

Datum

Besonderheiten

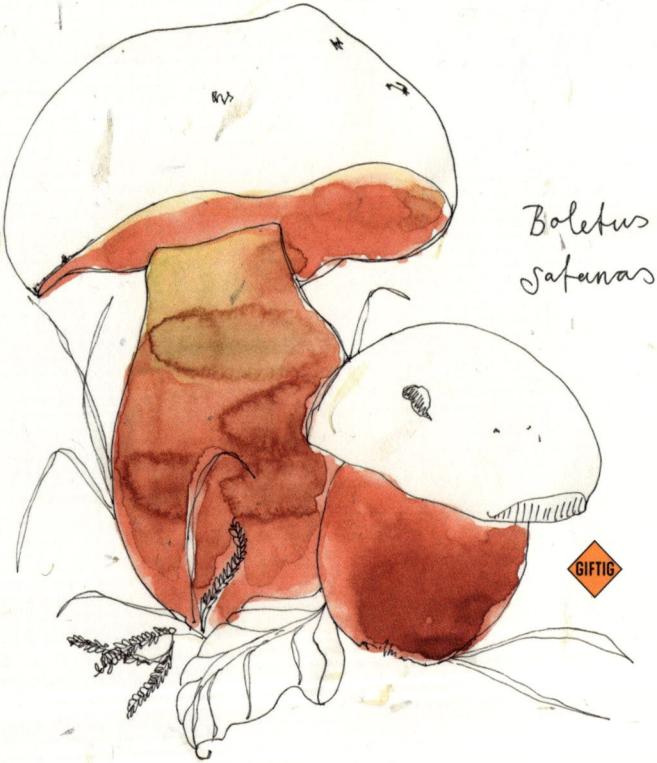
Boletus
satanas
GIFTIG

SATANSRÖHRLING

Dieser seltene Giftpilz riecht nach verrottendem Fleisch. Es gibt Leute, die behaupten, dass man ihn essen kann, wenn man ihn lange genug kocht. Aber will man das Risiko wirklich eingehen? Wohl eher nicht.

HEXENRING

Früher dachte man, dass Hexenkreise entstehen, wenn Hexen im Kreis tanzen, zum Beispiel in der Walpurgisnacht vom 30. April auf den 1. Mai. Andere dachten, dass der Hexenkreis das Ergebnis von tanzenden Feen oder Elfen sei. Im Mittelalter hielten sich zahlreiche Mythen: Wenn man in einen Hexenkreis tritt, kommt man nicht mehr aus ihm heraus und bleibt eine ganze Nacht in Gefangenschaft. Kröten wurden versteckt, um alle zu verfluchen, die in den Kreis traten. Außerdem dachten die Leute,

man könnte ein Auge verlieren - oder sogar ganz verschwinden.
Hexenringe können Hunderte von Jahren alt werden.
Im französischen Belfort wurde ein mehr als 700 Jahre alter Hexenkreis mit einem Durchmesser von mehr als 500 Metern gefunden.

Zu Beginn des neunzehnten Jahrhunderts entdeckten Biologen, dass Hexenkreise aus Stängelflocken wachsen, Myzelfäden, die vom Pilzkern nach außen wachsen, mit etwa gleicher Geschwindigkeit in alle Richtungen.

VIOLETTER RÖTELRITTERLING

(Lepista nuda)

Der lateinische Name Lepista nuda bedeutet »nacktes Glas« oder »nackter Becher«. Der Rötelritterling fühlt sich wie nackte Haut an. Roh ist der Pilz giftig, gekocht oder eingelegt aber wohlschmeckend.

GIFTIG

ROH IST DER VIOLETTE RÖTEL-RITTERLING GIFTIG!

Fundort

Datum

Besonderheiten

Fundort

Datum

Besonderheiten

EDELREIZKER

Die Eigenschaften dieses Speisepilzes fasst der zweite Teil des lateinischen Namens ausgezeichnet zusammen: einfach deliziös. Der erste Teil des Namens stammt daher, dass aus dem Pilz an verletzten Stellen Milch austritt. Diese kann nach dem Verzehr den Urin rötlich färben – ähnlich wie bei roter Bete –, was aber unbedenklich ist.

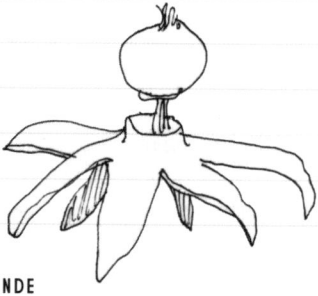

Fundort

Datum

Besonderheiten

WICHTIGE HINWEISE ZUM SAMMELN VON PILZEN

Dieses Buch ersetzt kein detailliertes Bestimmungsbuch für Pilze. Wer »in die Pilze geht«, sollte nur ernten, was er oder sie hundertprozentig kennt oder bestimmen kann. Einige Giftpilze sehen Speisepilzen zum Verwechseln ähnlich. Wer den Pilz nicht eindeutig bestimmen kann, sollte ihn lieber stehenlassen.

NOTRUFKONTAKTE BEI VERGIFTUNG

Berlin, Brandenburg
Giftnotruf: 030 - 19 240
E-Mail: mail@giftnotruf.de
Web: giftnotruf.charite.de

Nordrhein-Westfalen
Giftnotruf: 02 28 - 19 240
Giftnotruf: 02 28 - 287 - 33211
E-Mail: gizbn@ukb.uni-bonn.de
Web: www.gizbonn.de

Mecklenburg-Vorpommern, Sachsen, Sachsen-Anhalt, Thüringen
Giftnotruf: 03 61 - 730 730
E-Mail: ggiz@ggiz-erfurt.de
Web: www.ggiz-erfurt.de

Baden-Württemberg
Giftnotruf: 07 61 - 19 240
E-Mail: giftinfo@uniklinik-freiburg.de
Web: www.giftberatung.de

Hessen, Rheinland-Pfalz
Giftnotruf: 0 61 31 - 19 240
E-Mail: mail@giftinfo.uni-mainz.de
Web: www.giftinfo.uni-mainz.de

Bayern
Giftnotruf: 089 - 19 240
E-Mail: tox@Lrz.tum.de
Web: www.toxinfo.med.tum.de

Schleswig-Holstein, Bremen, Hamburg, Niedersachsen
Giftnotruf (Jedermann): 05 51 - 19 240
Giftnotruf (Fachleute): 05 51 - 38 - 3180
E-Mail: anfragen@giz-nord.de
Web: www.giz-nord.de
Saarland
Giftnotruf: 0 68 41 - 19 240
E-Mail: giftberatung@uniklinikum-saarland.de
Web: www.uniklinikum-saarland.de/de/einrichtungen/kliniken_institute/kinder-und-jugendmedizin/informations-und-behandlungszentrum-fuer-vergiftungen-des-saarlandes
Österreich
Giftnotruf: +43 1 - 40 64 343
E-Mail: viz@meduniwien.ac.at
Web: https://goeg.at/vergiftungsinformation
Schweiz
Giftnotruf: +41 44 25 15 151
E-Mail: info@toxi.ch
Web: toxinfo.ch

Viele Gifte wirken fünf bis zwanzig Stunden nach Genuss. Es gibt aber auch Gifte, die erst nach 24 Stunden wirken. Folgende Vergiftungserscheinungen können einzeln oder zusammen auftreten:

- Brechdurchfälle
- Magenkrämpfe
- Fieber
- Herzschwäche
- Schwellung der Leber
- Blut im Urin

GRUNDREGELN BEI VERGIFTUNGEN:

- Sofort den Notarzt rufen!
- Erbrochenes aufbewahren und zum Arzt mitnehmen!
- Putzreste (z. B. die Stiele) der Pilze nicht wegwerfen!

REGISTER

A

Austernseitling 23

B

Bauchwehkoralle 59
Birkenporling 54
Butterpilz 88

E

Edelreizker 103

F

Fliegenpilz 34

G

Glucke, Krause 84

H

Hexenbutter 78
Hexenröhrling, Flockenstieliger 17

K

Kahlkopf, Spitzkegeliger 74
Kartoffelbovist, Dickschaliger 18
Knollenblätterpilz, Grüner 71

L

Lacktrichterling, Violetter 64
Lohblüte, Gelbe 78

REGISTER

M

Maronenröhrling 12

O

Ockertäubling 73

P

Pfifferling, Echter 29
Pfifferling, Falscher 30

R

Riesenschirmpilz 8
Rötelritterling, Violetter 96

S

Satansröhrling 91
Schmetterlingstramete 43
Schopftintling 4
Schwefelkopf, Grünblättriger 44
Schwefelporling 49
Spargelpilz 4
Speisemorchel 80
Steinpilz 10
Stinkmorchel 87

W

Wiesenchampignon 52

Z

Zitronentäubling 73
Zunderschwamm 37

Impressum

Meine illustrierte Pilzkunde
Ein Buch zum Entdecken, Sammeln und Genießen

ISBN 978-3-95910-249-0

Eden Books
Ein Verlag der Edel Germany GmbH
Copyright der deutschen Ausgabe
© 2020 Edel Germany GmbH,
Neumühlen 17, 22763 Hamburg
www.edenbooks.de
www.facebook.com/EdenBooksBerlin
www.edel.com
2. Auflage 2020

Titel der Originalausgabe: Pocket Paddenstoelenboek
Copyright der Originalausgabe: Uitgeverij Snor, 2019
Konzept: Uitgeverij Snor
Text: Gerard Janssen
Illustrationen: Maartje van den Noort
Design: En Publique
Redaktion der dt. Ausgabe: Kanut Kirches
Projektkoordination der dt. Ausgabe: Juliane Noßack

Printed in Turkey

Alle Rechte vorbehalten. All rights reserved.
Das Werk darf – auch teilweise – nur mit Genehmigung des Verlages wiedergegeben werden.

EDEL
FAMILY MEMBER